by James Richard

LOGARITHM WORKBOOK

January 2020

Copyright © 2020

All rights reserved. No part of this publication may be reproduced, distributed, or transmitted in any form or by any means, including photocopying, recording, or other electronic or mechanical methods, without the prior written permission of the publisher, except in the case of brief quotations embodied in critical reviews and certain other noncommercial uses permitted by copyright law. For permission requests, write to the publisher using address below.

delightfulbook@gmail.com

© 2020

Contents

LOGARITHM 1
Definition: 1
PROPERTIES 1
INVERSE OF A LOGARITHM FUNCTION 7
TEST WITH SOLUTIONS 9
Test 1 27
Test 2 35
Test 3 43
Test 4 51
Test 5 59

LOGARITHM

Definition:

A(a) = 1

$A(x) = \log_a b$.

$B(x) = -\log_a c$.

PROPERTIES

1. Only positive numbers have logarithms.
2. $\log_a 1 = 0$
3. $\log_a a = 1$
4. $y = \log_a x \Leftrightarrow x = a^y$
5. $a^{\log_a x} = x$
6. $\log_a (x \cdot y) = \log_a x + \log_a y$
7. $\log_a \dfrac{x}{y} = \log_a x - \log_a y$
8. $\log_a x^n = n \cdot \log_a x$
9. $\log_a x = \dfrac{\log_b x}{\log_b a}$ changing base of a logarithm
10. $\log_a x = \dfrac{1}{\log_x a}$

11. $\log_{a^n} x^m = \dfrac{m}{n}\log_a x$
12. $\log_{10} x = \log x$
13. $\log_e x = \ln x,\ e \equiv 2.7$
14. $Colog\ a = -\log a$
15. $\log_a b \cdot \log_b c \cdot \log_c d \cdot \log_d f = \log_a f$

Example:

$$A = \dfrac{2}{\log_{11} 385} + \dfrac{2}{\log_7 385} + \dfrac{2}{\log_5 385}$$

$\Rightarrow A = \ ?$

Solution:

$$A = 2\left(\dfrac{1}{\dfrac{1}{\log_{385} 11}} + \dfrac{1}{\dfrac{1}{\log_{385} 7}} + \dfrac{1}{\dfrac{1}{\log_{385} 5}}\right)$$

$A = 2(\log_{385} 11 + \log_{385} 7 + \log_{385} 5)$

$A = 2(\log_{385} 11 \cdot 7 \cdot 5) = 2\log_{385} 385$

$ = 2 \cdot 1$

$ = 2$

Example:

$2^{\log x} = 3^{\log 2} \Rightarrow x = ?$

Solution:

$\log 2^{\log x} = \log(3^{\log 2})$
$\log x \cdot \log 2 = \log 2 \cdot \log 3$
$\log x = \log 3 \Rightarrow x = 3$

Example:

$x^{\ln x} - e^6 \cdot x = 0 \Rightarrow (SS) = ?$

Solution:

$x^{\ln x} - e^6 \cdot x = 0 \Rightarrow x^{\ln x} = e^6 \cdot x$
$\ln(x^{\ln x}) = \ln e^6 - 6$
$\ln^2 x - \ln x - 6 = 0$
$(\ln x - 3) \cdot (\ln x + 2) = 0$
$\ln x - 3 = 0 \quad \ln x = -2$
$\ln x - 3 = 0 \quad \ln x = -2$
$x = e^3 \quad x = e^{-2}$

$$(SS) = \left\{\frac{1}{e^2}, e^3\right\}$$

Example:

$log_2(x-1) + log_2(3x+1) = 6$
$\Rightarrow (SS) = ?$

Solution:

$x - 1 > 0 \Rightarrow x > 1, \; 3x + 1 > 0 \Rightarrow x > -\dfrac{1}{3}$

$x > 1$
$log_2(x-1)\cdot(3x+1) = 6$
$(x-1)\cdot(3x+1) = 2^6$
$3x^2 - 2x - 65 = 0$
$(3x + 13)(x - 5) = 0 \Rightarrow x = -\dfrac{13}{5}$

$(SS) = \{5\}$

Example:

$e^x - 12e^{-x} - 4 = 0 \Rightarrow (SS) = ?$

Solution:

$$e^x - \frac{12}{e^x} - 4 = 0 \Rightarrow e^{2x} - 4e^x - 12 = 0$$

$e^x = t \Rightarrow t^2 - 4t - 12 = 0$
$(t+2)\cdot(t-6) = 0$
$t+2 = 0 \Rightarrow t = -2,\ t-6 = 0 \Rightarrow t = 6$
$e^x = -2 \Rightarrow ç_1 = \emptyset$
$e^x = 6 \Rightarrow x = \ln 6$
$(SS) = \{\ln 6\}$

Example:

$$\begin{cases} \log xy^3 = 3 \\ \log \dfrac{x^2}{y} = -8 \end{cases} \Rightarrow (x,y) = (?,?)$$

Solution:

$$\begin{cases} \log x + 3\log y = 3 \\ 2\log x - \log y = -8 \\ \log x + 3\log y = 3 \\ 6\log x - 3\log y = -24 \end{cases} \Rightarrow$$

$$7\log x = -21 \Rightarrow \log x = -3 \Rightarrow x = 10^{-3}$$
$$-3 + 3\log y = 3 \Rightarrow \log y = 2 \Rightarrow y = 10^2$$
$$(x,y) = (10^{-3}, 10^2)$$

INVERSE OF A LOGARITHM FUNCTION

$$f(x) = \log_a x \Leftrightarrow f^{-1}(x) = a^x$$

Example:

$$f(x) = \log_5(3x-2) \Rightarrow f^{-1}(2) = ?$$

Solution:

$$f(x) = \log_5(3x - 2)$$
$$\Rightarrow y = \log_5(3x - 2)$$
$$5^y = 3x - 2$$
$$\Rightarrow x = \frac{5^y + 2}{3}$$
$$f^{-1}(x) = \frac{5^x + 2}{3}$$
$$\Rightarrow f^{-1}(2) = \frac{5^2 + 2}{3} = \frac{27}{3} = 9$$
$$\Rightarrow f^{-1}(2) = 9$$

Example:

$$f(x) = 2^{5x-3} - 28 \Rightarrow f^{-1}(100) = ?$$

Solution:

$$y = 2^{5x-3} - 28$$

$$2^{5x-3} = y + 28$$
$$5x - 3 = \log_2(y + 28)$$
$$x = \frac{\log_2(y + 28) + 3}{5}$$
$$f^{-1}(x) = \frac{\log_2 \cdot 8(x + 28)}{5}$$
$$f^{-1}(100) = \frac{\log_2 2^3 \cdot 128}{5}$$
$$= \frac{\log_2 2^{10}}{5} = \frac{10}{5} = 2$$

TEST WITH SOLUTIONS

1. $\log 2 = m \Rightarrow \log 320 = \ ?$

   A) $4m$ B) $5m$ C) $5m - 1$ D) $5m + 1$
   E) m^5

   Solution:

   $\log 2 = m$
   $\log 320 = \log(32 \cdot 10) = \log 32 + \log 10$
   $\qquad\qquad = \log 2^5 + 1$
   $\qquad\qquad = 5\log 2 + 1$
   $\qquad\qquad = 5m + 1$

   Correct Answer - D

2. $\log 2 = m$ and $\log 3 = n \Rightarrow \log 720 = \ ?$

   A) $3n - 1$ B) $2n + 1$ C) $2m + 3m + 1$
   D) $2n + 1$ E) m^5

   Solution:

$\log 2 = m, \log 3 = n$

$$\begin{aligned}\log 720 &= \log(72 \cdot 10) = \log 72 + \log 10 \\ &= \log(9 \cdot 8) + 1 \\ &= \log 9 + \log 8 + 1 \\ &= \log 3^2 + \log 2^3 + 2 \\ &= 2\log 3 + 3\log 2 + 1 \\ &= 2n + 3m + 1\end{aligned}$$

Correct Answer - C

3. $\log_2 3 \cdot \log_3 5 \cdot \log_5 9 \cdot \log_9 16 = ?$

A) 1 B) 2 C) 3 D) 4 E) 5

Solution:

$\log_2 3 \cdot \log_3 5 \cdot \log_5 9 \cdot \log_9 16$

$= \dfrac{\log 3}{\log 2} \cdot \dfrac{\log 5}{\log 3} \cdot \dfrac{\log 3^2}{\log 5} \cdot \dfrac{\log 2^4}{\log 3^2}$

$= \dfrac{\log 3}{\log 2} \cdot \dfrac{\log 5}{\log 3} \cdot \dfrac{2\log 3}{\log 5} \cdot \dfrac{4\log 2}{2\log 3} = 4$

Correct Answer - D

4. $\log_3 5 = a \quad \Rightarrow \log_5 9 = ?$

A) a B) $2a$ C) $\dfrac{2}{a}$ D) $-a$ E) $-\dfrac{a}{2}$

Solution:

$\log_3 5 = a$

$\log_5 9 = \dfrac{1}{\log_9 5} = \dfrac{1}{\log_{3^2} 5} = \dfrac{2}{\log_3 5} = \dfrac{2}{a}$

Correct Answer - C

5. $\log_2 (x-5) = 4 \Rightarrow x = ?$

A) 21   B) 16   C) 8   D) -8 E) -16

Solution:

$\log_2 (x-5) = 4 \Rightarrow x - 5 = 2^4$

$\qquad\qquad\qquad x - 5 = 16$

$\qquad\qquad\qquad x = 16 + 5$

$\qquad\qquad\qquad x = 21$

Correct Answer - A

6. $\log_3 x - \log_3 (x-1) = 2 \Rightarrow x = ?$

A) $\dfrac{8}{9}$ B) $\dfrac{9}{8}$ C) $\dfrac{2}{3}$ D) $-\dfrac{2}{3}$ E) $-\dfrac{9}{10}$

Solution:

$$\log_3 x - \log_3 (x-1) = 2 \Rightarrow \log_3 \left(\dfrac{x}{x-1}\right) = 2$$

$$\dfrac{x}{x-1} = 3^2 \Rightarrow \dfrac{x}{x-1} = 9$$

$$x = 9x - 9$$

$$x = \dfrac{9}{8}$$

Correct Answer - B

7. $e^{2x} - 4e^x - 32 = 0 \Rightarrow x = ?$

A) ln 2   B) 3ln 2   C) ln 6   D) 2ln 6   E) 4ln 6

Solution:

$$e^{2x} - 4e^x - 32 = 0$$
$$(e^x - 8) \cdot (e^x + 4) = 0$$
$$e^x - 8 = 0$$
$$e^x = 8$$
$$x = \ln 8$$
$$x = 3 \cdot \ln 2$$

Correct Answer - B

8. $\log_6 2 = a \Rightarrow \log_6 9 = ?$

A) $3a$ B) $6 - 3a$ C) $-2a$ D) $2a - 4$
E) $2 - 2a$

Solution:

$$\log_6 2 = \frac{1}{\log_2 6} = \frac{1}{\log_2 3 + 1} = a$$

$$\log_2 3 = \frac{1}{a} - 1 = \frac{1 - a}{a} \Rightarrow \log_3 2 = \frac{a}{1 - a}$$

$$\log_6 9 = \frac{1}{\log_9 6} = \frac{2}{\log_3 6} = \frac{2}{\log_3 2 + 1}$$

$$= \frac{2}{\frac{a}{1-a} + 1}$$

$$= \frac{2}{\frac{1}{1-a}}$$

$$= 2 \cdot (1 - a) = 2 - 2a$$

Correct Answer - E

9. $\log_2 (\log_3 x) = 3 \Rightarrow x = ?$

A) 2^3 B) 2^6 C) 3^8 D) 3^6 E) -3^4

Solution:

$\log_2(\log_3 x) = 3 \Rightarrow \log_3 x = 2^3$
$\log_3 x = 8$
$x = 3^8$

Correct Answer - C

10. $\log 20 + 2\log 2 - 3\log 2 = ?$

A) -2 B) -1 C) 0 D) 1 E) 2

Solution:

$\log 20 + 2\log 2 - 3\log 2 = \log 20 + \log 2^2 - \log 2^3$
$= \log\left(\dfrac{20 \cdot 4}{8}\right)$
$= \log 10$
$= 1$

Correct Answer - D

11. $\log_3 x + \log_9 x = 5 \Rightarrow x = ?$

A) $\sqrt[3]{3}$ B) $3\sqrt[3]{9}$ C) $3\sqrt[3]{3}$ D) $27\sqrt{3}$ E) $27\sqrt[3]{3}$

Solution:

$$\log_3 x + \log_9 x = \log_3 x + \frac{1}{2}\log_3 x$$

$$= \log_3 x + \log_3 x^{\frac{1}{2}}$$
$$= \log_3 (x \cdot x^{1/2})$$
$$= \log_3 x^{3/2} = 5$$
$$x^{3/2} = 3^5$$
$$x = 3^{10/3}$$
$$x = 27 \sqrt[3]{3}$$

Correct Answer - E

12. $\log_2 (x + 2) + \log_2 (x - 2) = 3 \quad \Rightarrow \quad x = ?$

A) $-2\sqrt{3}$ B) $\dfrac{\sqrt{3}}{2}$ C) $\sqrt{3}$ D) $2\sqrt{3}$ E) $2\sqrt{3}$

Solution:

$$\log_2 (x + 2) + \log_2 (x - 2) = 3$$
$$\log_2 [(x + 2) \cdot (x - 2)] = 3$$
$$\log_2 (x^2 - 4) = 3$$
$$x^2 - 4 = 2^3$$

$$x^2 = 12$$
$$x = 2\sqrt{3}$$

Correct Answer - D

13. $\log 3 = a, \log 4 = b \Rightarrow \log_5 36 = ?$

A) $2a + 4b$ B) $\dfrac{5 - 2a}{b + 1}$ C) $\dfrac{a + 2b}{b - a}$ D) $\dfrac{2b + 4a}{2 - b}$

E) $\dfrac{4a - 2b}{a - 2}$

Solution:

$\log 3 = a$
$\log 4 = \log 2^2 = 2\log 2 = b$
$\log 2 = \dfrac{b}{2}$

$\log_5 36 = \dfrac{\log 36}{\log 5} = \dfrac{2\log 6}{\log \dfrac{10}{2}}$

$= \dfrac{2(\log 2 + \log 3)}{\log 10 - \log 2}$

$$= \frac{2\left(\frac{b}{2} + a\right)}{1 - \frac{b}{2}}$$

$$= \frac{2(b + 2a)}{2 - b}$$

$$= \frac{2b + 4a}{2 - b}$$

Correct Answer - D

14. $\log x^2 + \log x^3 = 15 \Rightarrow x = ?$

A) 10^3 B) 10^5 C) 6^{15} D) 2^{15} E) 3^{10}

Solution:

$\log x^2 + \log x^3 = \log(x^2 \cdot x^3) = \log x^5$
$\log x^5 = 15 \Rightarrow x^5 = 10^{15}$
$x = 10^3$

Correct Answer - A

15. $3^{\log 3^8} + 2^{\log 2^9} = 5^{\log 5^x} \Rightarrow x = ?$

A) 17   B) 16   C) 15   D) 14   E) 13

Solution:

$$\begin{cases} 3^{\log 3^8} = 8 \\ 2^{\log 2^9} = 9 \\ 5^{\log 5^x} = x \end{cases} \Rightarrow \begin{matrix} 8 + 9 = x \\ 17 = x \end{matrix}$$

Correct Answer - A

16. $\ln \sqrt{x} + \ln \sqrt{x^3} = 1 \Rightarrow x = ?$

A) $2e$ B) e^2 C) $\sqrt{e}$ D) $\sqrt[3]{e}$ E) e

Solution:

$$\ln \sqrt{x} + \ln \sqrt{x^3} = \ln(\sqrt{x} \cdot \sqrt{x^3})$$
$$= \ln \sqrt{x^4}$$
$$= \ln x^2 = 1$$
$$x^2 = e$$
$$x = \sqrt{e}$$

Correct Answer - C

17. $3^x + 3^{x+2} = 10 \Rightarrow x = ?$

A) 0 B) $\dfrac{1}{2}$ C) 1 D) $\dfrac{3}{2}$ E) $\dfrac{5}{2}$

Solution:

$$3^x + 3^{x+2} = 3^x + 3^x \cdot 3^2 = 10$$
$$3^x(1+9) = 10$$
$$3^x = 1$$
$$x = 0$$

Correct Answer - A

18. $\log 2 = 0.30103 \quad \Rightarrow \quad \log 125 = ?$

A) -2.69897 B) 2.69897 C) 2.60206
D) 2.09691 E) -2.6991

Solution:

$\log 2 = 0.30103$

$\log 125 = \log \dfrac{1000}{8} = \log 10^3 - \log 2^3$

$\qquad = 3 - 3\log 2$
$\qquad = 3 - 3 \cdot (0.30103)$
$\qquad = 2.09691$

Correct Answer - D

19. $\log x = 2.48135 \quad \Rightarrow \quad \mathrm{colog}\, x = ?$

A) $\bar{3}.51865$ B) $e^{2.48135}$ C) $\dfrac{1}{2.48135}$

D) $\bar{2}.48135$ E) $\bar{3}.48135$

Solution:

$\log x = 2.48135$
$\operatorname{colog} x = -\log x$
$\phantom{\operatorname{colog} x} = -2.48135$
$\phantom{\operatorname{colog} x} = -2 - 0.48135$
$\phantom{\operatorname{colog} x} = -2 - 1 + 1 - 0.48135$
$\phantom{\operatorname{colog} x} = -3 + 0.51865$
$\phantom{\operatorname{colog} x} = \bar{3}.51865$

Correct Answer - A

20. $\log_3 (x^2 - 6x) > 3$

What is the solution set for this in equality?

A) $x < 3$, $x > 9$ B) $x < -3$, $x > 9$ C) $x < -3$, $x > -9$

D) $x > 3$, $x < 9$ E) $x > -3$, $x < -9$

Solution:

$\log_3 (x^2 - 6x) > 3$

20

$x^2 - 6x > 3^3$ and $x^2 - 6x > 0$
$x^2 - 6x > 27$ $\quad\quad x(x - 6) > 0$
$x^2 - 6x - 27 > 0$ $\quad\quad x_1 = 0$
$(x - 9) \cdot (x + 3) > 0$ $\quad\quad x_2 = 6$
$\quad\quad\quad\quad\quad\quad\quad\quad x_1 = 9$
$\quad\quad\quad\quad\quad\quad\quad\quad x_2 = -3$

$x < -3, x > 9$

Correct Answer - B

1. $x > 1$
   $(x - 1)^{(x + 3)} = 1$
   $\Rightarrow \log_x \frac{1}{2} = \ ?$

A) -1 B) -2 C) -3 D) -4 E) -5

Solution:

$x - 1 = 1 \quad \Rightarrow x = 2$
(Base of a logarithm cannot be negative)
$x = 2$
$\log_2 \frac{1}{2} = -\log_2 2$

$= -1$

Correct Answer - A

2. $\log_3 5 = x \Rightarrow \log_3 15 = ?$

A) $2x + 2$ B) $2x + 1$ C) $2x - 1$
D) $x - 2$ E) $x + 1$

Solution:

$\log_3 5 = x$
$\log_3 5 = \log_3 (3 \cdot 5) = \log_3 3 + \log_3 5 = 1 + x$

Correct Answer - E

3. $\log_{10} 5 = x \Rightarrow 5^{1-x} = ?$

A) 2^x B) 2^{-x} C) 2^{x-1} D) 2^{1-x}
   E) 2^{x+1}

Solution:

$\log_{10} 5 = x \Rightarrow 5 = 10^x$
$\phantom{\log_{10} 5 = x \Rightarrow\ } 5 = 5^x \cdot 2^x$

$$\frac{5}{5^x} = 2^x$$

$$5^{1-x} = \frac{5}{5^x} = 2^x$$

Correct Answer - A

4. $|AB| = \log_2 8$
    $|BC| = \log_2 4$
    $\Rightarrow \frac{|AC|}{|BC|} = ?$

A) $\frac{5}{2}$ B) $\frac{3}{2}$ C) $\frac{1}{2}$ D) 2   E) 4

Solution:

$$\frac{|AC|}{|BC|} = \frac{\log_2 8 + \log_2 4}{\log_2 4} = \frac{\log_2 (8 \cdot 4)}{\log_2 2^2}$$

$$= \frac{\log_2 2^5}{2}$$

$$= \frac{5}{2}$$

Correct Answer - A

5. $\log_a \dfrac{a}{b} = 4 \Rightarrow \log_a b = ?$

A) -1 B) -2 C) -3 D) -4 E) -5

Solution:

$\log_a \dfrac{a}{b} = 4$
$\log_a a - \log_a b = 4$
$1 - \log_a b = 4$
$\log_a b = -3$

Correct Answer - C

6. $\dfrac{1}{\log_4 16} + \dfrac{1}{\log_2 4} = ?$

A) 1   B) 2   C) 3   D) $\dfrac{1}{2}$ E) $\dfrac{1}{3}$

Solution:

$$\frac{1}{\log_4 16} + \frac{1}{\log_2 4} = \frac{1}{\log_{2^2} 2^4} + \frac{1}{\log_2 2^2}$$

$$= \frac{1}{2} + \frac{1}{2}$$

$$= 1$$

Correct Answer - A

7. $\begin{cases} \log_a x = 30 \\ \log_b x = 70 \end{cases} \Rightarrow \log_{ab} x = ?$

A) 15   B) 21   C) 28   D) 35   E) 50

Solution:

$$\log_{ab} x = \frac{1}{\log_x ab} = \frac{1}{\log_x a + \log_x b}$$

$$= \frac{1}{\frac{1}{30} + \frac{1}{70}} = \frac{1}{\frac{10}{210}}$$

$$\begin{array}{cc}(7) & (3)\end{array}$$

$$= 21$$

Correct Answer - B

8. $x \in R^+, x \neq 1$
$\log_3 (3 \cdot \log_x (2x - 3)) = 1 \Rightarrow x = ?$

A) 1   B) 2   C) 3   D) 4   E) 5

Solution:

$\log_3 (3 \cdot \log_x (2x - 3)) = 1$
$3 \cdot \log_x (2x - 3) = 3^1 = 3$
$ \log_x (2x - 3) = 1$
$ 2x - 3 = x$
$ x = 3$

Correct Answer - C

9. $\begin{cases} \log 3 = x \\ \log 5 = y \\ \log 7 = z \end{cases} \Rightarrow \log \dfrac{225}{7} = ?$

A) $x + y - z$
B) $x + 2y - z$
C) $2x + y - z$
D) $2x + 2y - z$
E) $2x + 2y + z$

Solution:

$\log \dfrac{225}{7} = \log 225 - \log 7 = \log (3^2 \cdot 5^2) - \log 7$
$= 2 \cdot \log 3 + 2 \cdot \log 5 - \log 7 = 2x + 2y - z$

Correct Answer - D

Logarithm

Test 1

1. $\log_6 2 + \log_6 3 = \;?$

A) 2 B) 1 C) 0 D) – 1 E) – 2

2. $\log_9 27 = \;?$

A) $\dfrac{1}{3}$ B) 3 C) 6 D) $\dfrac{2}{3}$ E) $\dfrac{3}{2}$

3. $y = \log_7^{\frac{1}{x}},\; x = 7^5 \Rightarrow y = \;?$

A) 1 B) 0 C) – 5 D) – 7 E) – 49

4. $\log_3 5 = a \;\Rightarrow\; \log_5 15 = \;?$

A) $a+1$ B) $a-1$ C) $1+\dfrac{1}{a}$

D) $\dfrac{a-1}{a}$ E) $\dfrac{1}{a}$

5. $\log_{\frac{1}{\sqrt{2}}} 8 = \;?$

A) 0   B) -2 C) -4 D) -6 E) -8

6. $\log_{\sqrt{8}} b = \dfrac{10}{3} \Rightarrow b = \;?$

A) 8   B) 16   C) 32   D) 64   E) 128

7. $\log_{\frac{1}{x}} 4 = -2 \Rightarrow x = \;?$

A) 1   B) 2   C) 3   D) 4   E) 5

8. $\log_x 4 = -\dfrac{1}{3} \Rightarrow x = ?$

A) $\dfrac{1}{4}$ B) $\dfrac{1}{16}$ C) $\dfrac{1}{24}$ D) $\dfrac{1}{64}$ E -1

9. $\begin{cases} \log_3 2 = a \\ \log_3 5 = b \end{cases} \Rightarrow \log 30 = ?$

A) $1 + \dfrac{1}{a+b}$ B) $1 - \dfrac{1}{a+b}$ C) $\dfrac{a}{b+1}$

D) $a - b + 1$ E) $1 - \dfrac{a}{b}$

10. $\log_3[\log_2(\log_4(x-1))] = 0 \Rightarrow x = ?$

A) 17   B) 18   C) 19   D) 20   E) 21

11. $(\log_x 8)^{\log_5 125} = 27 \Rightarrow x = ?$

A) 5   B) 4   C) 3   D) 2   E) 1

12. $\log_2 m = \log_{\frac{1}{2}} n$, $m + n = 5$

$\Rightarrow m^2 + n^2 = ?$

A) 27   B) 26   C) 25   D) 24   E) 23

13. $\begin{cases} \log(xy) = 2 \\ \log\left(\dfrac{x}{y}\right) = -2 \end{cases} \Rightarrow y = ?$

A) 1   B) 10   C) 100   D) 1000   E) $\dfrac{1}{10}$

14. $\log 2 = a \Rightarrow \log 25 = ?$

A) 1 − a   B) 2 − a   C) 1 + a

D) 2 + a   E) 2 − 2a

15. $\log_{\sqrt{2}} 16 + \log_3 \sqrt{27} + \log_{25} 5 = ?$

A) 10   B) 9   C) 8   D) 7   E) 6

16. $\log_7(\log_2 16) = \dfrac{1}{\log_x 49} \Rightarrow x = ?$

A) 64   B) 16   C) 8   D) 4   E) 2

17. $\log_3 12 = a \Rightarrow \log_3 18 = ?$

A) $\dfrac{a+1}{2}$ B) $\dfrac{a+2}{2}$ C) $\dfrac{a+3}{2}$

D) $\dfrac{a-1}{2}$ E) $\dfrac{a-2}{2}$

18. $\log_3 a = \log_{\frac{1}{81}} b \Rightarrow \log_a b = ?$

A) -4 B) $-\dfrac{1}{2}$ C) $-\dfrac{1}{3}$ D) $-\dfrac{1}{4}$

E) $-\dfrac{1}{6}$

19. $7^{\log_3 x} = 49 \Rightarrow x = ?$

A) 3   B) 6   C) 7   D) 8   E) 9

20. $\log_3 2 \cdot \log_8 125 \cdot \log_{25} 81 = ?$

A) 2   B) 3   C) 4   D) 5   E) 6

21. $\dfrac{(\log_2 20)^2 - (\log_2 5)^2}{\log_2 10} = ?$

A) 6   B) 5   C) 4   D) 3   E) 2

22. $\log_2(\log_{10} x) = 3 \Rightarrow x = ?$

A) 10^4 B) 10^6 C) 10^8
D) 10^9 E) 10^{12}

23. $3^n = a,\ \log_a 81^2 = n^2 \Rightarrow n = ?$

A) -1 B) 0   C) 1   D) 2   E) 3

24. $\log_a 2 + \log_a 4 + \log_a 8 = 24 \Rightarrow a = ?$

A) 4   B) 2   C) $\sqrt{2}$ D) $\sqrt[3]{2}$ E) $\sqrt[4]{2}$

25. $(\log_{a-1} 9)^{\log_2 18} = 16 \Rightarrow a = ?$

34

A) 1   B) 3   C) 4   D) 5   E) 6

Answers					
1. B	2. E	3. C	4. C	5. D	6. C
7. B	8. D	9. A	10. A	11. D	12. E
13. C	14. E	15. A	16. B	17. C	18. A
19. E	20. A	21. C	22. C	23. D	24. E
25. C					

Logarithm

Test 2

1. $\log_3 4 = x \Rightarrow \log_3 162 = ?$

A) $\dfrac{x-8}{2}$ B) $\dfrac{x+8}{2}$ C) $x+4$ D) $x-4$

E) $\dfrac{x-4}{2}$

2. $\dfrac{1}{\log_2 18} + \dfrac{1}{\log_6 18} + \dfrac{1}{\log_{27} 18} = ?$

A) 2   B) 3   C) 4   D) 5   E) 6

3. $a = \log_4 5$, $b = \log_{\frac{1}{5}} 4$, $c = \log_5 4 \Rightarrow ? < ? < ?$

A) $a < b < c$ B) $c < b < a$ C) $a < c < b$

D) $b < c < a$ E) $b < a < c$

36

4. $\log_5 a - \log_5 b = 2 \Rightarrow \dfrac{10b - a}{5b} = ?$

A) – 3   B) – 4   C) – 5   D) – 6

E) – 7

5. $\log_3 63 = x, \log_7 81 = y \Rightarrow y = ?$

A) $\dfrac{4}{x}$ B) $\dfrac{4}{x+1}$ C) $\dfrac{4}{x-1}$ D) $\dfrac{4}{x-2}$

E) $\dfrac{4}{x+2}$

6. $125^{\log_5 2} + \log_5 0.008 = ?$

A) 7   B) 6   C) 5   D) 4   E) 3

7. $\log x = b - \log a \Rightarrow x = ?$

37

A) $a \cdot b 10$ B) $10\, a \cdot b$ C) $10 9 \cdot b$

D) $\dfrac{10^b}{a}$ E) $\dfrac{a \cdot b}{10}$

8. $\begin{cases} \log 2 = a \\ \log 3 = b \end{cases} \Rightarrow \log 72 = ?$

A) $3a$ B) $a + b$ C) $3b$

D) $3a + 2b$ E) $2a + 2b$

9. $\log 4 \cdot \log_4 9 \cdot \log_3 e = ?$

A) 1 B) 2 C) 4 D) $\ln 5$ E) $\dfrac{2}{\ln 10}$

10. $\log 40 = x \Rightarrow \log 25 = ?$

A) $3 - 2x$ B) $2 - x$ C) $3 - 4x$ D) $1 - x$

E) $3 - x$

11. $\log(2x + 4) - \log(x - 2) = 1 \Rightarrow x = ?$

A) 7   B) 6   C) 5   D) 4   E) 3

12. $2\sqrt{\ln x} - \ln \sqrt{x} = 0 \Rightarrow x = ?$

A) $\{1, e^4\}$ B) $\{e^4, e^{16}\}$ C) $\{1, e^{16}\}$ D) $\{2, e^4\}$

E) $\{2, e^{16}\}$

13. $\log_x 3 > \log_x (4 - x) \Rightarrow x \in ?$

A) $(3, +\infty)$ B) $(0,4) - \{1\}$ C) $(0,3) - \{1\}$

D) $(3,4)$ E) $(4, +\infty)$

14. $\log 2 = a, \log 3 = b$ and $\log 7 = c \Rightarrow \log 420 = ?$

A) $a + b + c$ B) $a + b + c + 1$ C) $a - b + c - 1$

D) $a \cdot b \cdot c + 12$ E) $a \cdot b \cdot c - 1$

15. $\log_{15} 3 = a \Rightarrow \log_5 15 = ?$

A) $a - 1$ B) $a + 1$ C) $3a$ D) $\dfrac{1}{a+1}$

E) $\dfrac{1}{1-a}$

16. $\log_3 x + 5 \log_x 3 = 6 \Rightarrow x = ?$

A) $\{3, 243\}$ B) $\{3, 8\}$ C) $\left\{\dfrac{1}{3}, \dfrac{1}{81}\right\}$

D) $\left\{\dfrac{1}{243}, \dfrac{1}{3}\right\}$ E) $\{27, 81\}$

17. $\log_3 a - \log_{\frac{1}{3}} b = 3, \log_4 (a+b) = 2$

$\Rightarrow a^2 + b^2 = ?$

A) 54   B) 148   C) 202   D) 256   E) 310

18. $\log_4[\log_5(\ln x)] = 0 \Rightarrow x = ?$

A) 0   B) 1   C) e^3 D) e^4 E) e^5

19. $\log_5(x+y) + \log_5(x-y) = 2$

   $x + y = 25 \Rightarrow x^2 + y^2 = ?$

A) 83   B) 125   C) 193   D) 313   E) 625

20. $\log_{16} a + \log_4 a - \log_2 a = 0.5 \Rightarrow a = ?$

A) $\dfrac{1}{4}$ B) $\dfrac{1}{2}$ C) $\dfrac{2}{3}$ D) 2   E) 3

21. $\log_{10}(\log_8 x) + \log_{10}(\log_x 8) = ?$

A) 0   B) 1   C) x   D) 8   E) 10

22. $\begin{cases} \log_2 3 = a \\ \log_2 5 = b \end{cases} \Rightarrow \log 60 = ?$

A) $\dfrac{a+b+1}{b-1}$ B) $\dfrac{a+b}{1+b}$ C) $\dfrac{2+a+b}{1+b}$

D) $\dfrac{2+a+b}{2+b}$ E) $\dfrac{a+b-2}{1+b}$

23. $\log_5(-x) + \log_5(4-x) = \log_5 12 \Rightarrow x = ?$

A) -1 B) -2 C) -3 D) -4

E) -5

24. $\log_3(26!) = x \Rightarrow \log_3(27!) = ?$

A) $3x$ B) $3+x$ C) $3-x$ D) $2+x$

42

E) 2

Answers					
1. B	2. A	3. D	4. A	5. D	6. C
7. D	8. D	9. B	10. E	11. E	12. C
13. B	14. B	15. E	16. A	17. C	18. E
19. D	20. A	21. A	22. C	23. B	24. B

Logarithm

Test 3

1. $\log_2 3 = x \Rightarrow \log_9 2 = ?$

A) $\dfrac{1}{2x}$ B) $\dfrac{x}{2}$ C) $\dfrac{x+1}{2}$

D) $\dfrac{1}{x+2}$ E) $\dfrac{2}{x+1}$

2. $\log_a 9 = 6 \Rightarrow \log_{27} a = ?$

A) $\dfrac{1}{9}$ B) $\dfrac{1}{6}$ C) $\dfrac{1}{4}$ D) 2 E) 5

3. $\log_4[\log_3(\ln x)] = 0 \Rightarrow x = ?$

A) 12 B) e C) 64 D) e^2 E) e^3

4. $\log_a b = 6 \Rightarrow \log_a bc + \log_a \dfrac{b}{c} = ?$

A) 15   B) 14   C) 13   D) 12   E) 11

5. $a^{\log a^6} + b^{\log b^{\frac{x}{5}}} = 9 \Rightarrow x = ?$

A) 15   B) 12   C) 10   D) 9   E) 6

6. $\dfrac{1}{\log_9 3} + \log_3 x = 5 \Rightarrow x = ?$

A) 1   B) 3   C) 6   D) 9   E) 27

7. $\dfrac{1}{\log_4 2} + \dfrac{1}{\log_8 2} + \dfrac{1}{\log_{16} 2} = ?$

A) 2   B) 3   C) 4   D) 7   E) 9

8. $\log_4 8 \cdot \log_8 32 = ?$

A) $\dfrac{5}{2}$ B) $\dfrac{5}{3}$ C) $\dfrac{3}{2}$ D) 1   E) $\dfrac{1}{2}$

9. $\log_x 3 + \log_9 x = \dfrac{3}{2} \Rightarrow \log(x^2 + 1) = ?$

A) log 5   B) 1   C) 2   D) 3   E) log 17

10. $100^{\log x} = x^2 - 2x + 4 \Rightarrow x = ?$

A) 1   B) 2   C) 3   D) 4   E) 5

11. $\log_3 16 \cdot \log_2 \dfrac{1}{27} = x \Rightarrow x = ?$

A) -12 B) -6 C) $\dfrac{2}{3}$ D) 6

E) 12

12. $\log_2\left(\dfrac{1}{16}\right) = x \Rightarrow x = ?$

A) $\dfrac{1}{2}$ B) $\dfrac{1}{4}$ C) $\dfrac{1}{8}$

D) -2 E) -4

13. $\log\sqrt{125} \cdot \ln 10 \cdot \log_5 e = ?$

A) 1   B) $\dfrac{e}{10}$ C) e D) $\dfrac{3}{2}$ E) $\dfrac{5}{3}$

14. $\begin{cases} \log_b^{1/a} = 2 \\ \log_c b = 3 \end{cases} \Rightarrow \log_{\frac{1}{c}} a = ?$

A) $-\dfrac{1}{6}$ B) $\dfrac{1}{6}$ C) $\dfrac{1}{2}$ D) $\dfrac{3}{2}$ E) 6

15. $3 + \log_5 10 - \log_5 50 = ?$

A) – 1   B) 0   C) 1   D) 2   E) 3

16. $x = 27 \Rightarrow y = ?$

A) 3   B) 6   C) 9   D) 12   E) 36

17. $3^{2+\ln x} + 3^{\ln x} = 270 \Rightarrow x = ?$

A) e B) e^2 C) e^3 D) e^4 E) e^5

18. $1 + \ln(e - x) = \ln(x + 3) \Rightarrow x = ?$

A) $\dfrac{e+3}{e-1}$ B) $\dfrac{e^2-1}{e+3}$ C) $\dfrac{e^2-3}{e+1}$

D) $\dfrac{e-1}{e^2+3}$ E) $\dfrac{e-1}{e-3}$

19. $f(x) = \log_3(2x - m), f^{-1}(2) = 3 \Rightarrow m = ?$

A) – 9   B) – 6   C) – 3   D) 2

   E) 4

20. $\log_{\frac{1}{2}} (x - 2) \geq 0 \Rightarrow (SS) = ?$

A) [2,3)   B) (2,4)   C) (3,∞)   D) [2.3]   E) (2,3]

21. $\log_3 5 = a \Rightarrow \log_{81} 15 = ?$

A) $\dfrac{a + 1}{4}$ B) $\dfrac{a - 1}{2}$ C) $\dfrac{a + 3}{5}$

D) $\dfrac{2a + 3}{2}$ E) $\dfrac{a + 3}{6}$

22. $x > 0$, $\log_2[\log_3(x^2 + 17)] = 2 \Rightarrow x = ?$

A) 12   B) 10   C) 8   D) 6   E) 4

23. $\begin{cases} \ln(xy) = 3 \\ \ln x - \ln y = 1 \end{cases} \Rightarrow x = ?$

A) 1   B) 2   C) e D) e^2 E) e^3

24. $\log_5(x-2) + \log_5(x+2) = 1 \Rightarrow (SS) = ?$

A) {4}   B) {−3}   C) {3}
D) {3, −3}   E) {−3,5}

25. $f(x) = 3 + 2 \cdot \log_{16}(3x - 2) \Rightarrow f^{-1}(3) = ?$

A) 1   B) 2   C) 3   D) 4   E) 5

26. $\log_{81} x + \log_{27} x = \log_3 x \Rightarrow ÇK(SS) = ?$

A) $\emptyset$ B) $\{1\}$ C) $\left\{\dfrac{1}{3}, 1\right\}$

D) $\left\{\dfrac{1}{3}\right\}$ E) $\{3\}$

Answers					
1. A	2. A	3. E	4. D	5. A	6. E
7. E	8. E	9. B	10. B	11. A	12. E
13. D	14. A	15. D	16. B	17. C	18. C
19. C	20. E	21. A	22. C	23. D	24. C
25. A	26. B				

Logarithm

Test 4

1. $\dfrac{1 + \log 90}{\log 30} = ?$

   A) 1 B) 2 C) 3 D) 4 E) 5

2. $k \in Z_+$ and $0 < m < 1$

   $\log(218672163.35) = k + m \Rightarrow k = ?$

   A) 6 B) 7 C) 8 D) 9 E) 10

3. $5^n = a \Rightarrow \log_{25} a = ?$

   A) $\dfrac{n}{10}$ B) $5n$ C) $2n$ D) $\dfrac{n}{5}$ E) $\dfrac{n}{2}$

4. $\log\dfrac{x}{5} + 1 = \log x - \log(2-x) \Rightarrow \sum x = ?$

A) $\dfrac{7}{5}$ B) $\dfrac{5}{3}$ C) $\dfrac{5}{4}$ D) $\dfrac{3}{2}$ E) $\dfrac{4}{5}$

5. $\log x = a, \log y = b \Rightarrow \operatorname{colog}\dfrac{x}{y} = ?$

A) $\dfrac{a}{b}$ B) $a+b$ C) $b \cdot a$ D) $a-b$

E) $b-a$

6. $\log_{27} x + \log_9 x = \dfrac{5}{2} \Rightarrow \log_{81} x = ?$

A) $\dfrac{2}{3}$ B) $\dfrac{3}{5}$ C) $\dfrac{3}{4}$ D) $\dfrac{4}{3}$ E) $\dfrac{5}{3}$

7. $\log_4 7 = a \Rightarrow \log_7 28 = ?$

A) $\dfrac{2}{a}$ B) $\dfrac{a+1}{a}$ C) $\dfrac{a-1}{4}$

D) $\dfrac{a+1}{4}$ E) $\dfrac{2a+1}{2}$

8. $\log 2 = a$
   $\log 3 = b$
   $\Rightarrow \log_5 18 = ?$

A) $\dfrac{a+b}{a-b}$ B) $\dfrac{a(a+b)}{a-b}$ C) $\dfrac{a+2b}{1-a}$

D) $\dfrac{a(b+2a)}{b(1-a)}$ E) $\dfrac{b(a+2b)}{a(1-b)}$

9. $\log_3 \sqrt[3]{a\sqrt[3]{a\sqrt[3]{a\ldots}}} = 2 \Rightarrow a = ?$

A) 9   B) 27   C) 81   D) 243   E) 729

10. $\log_x y \cdot \log_y x^2 \cdot \log_3\left(\dfrac{x-1}{3}\right) = 2 \Rightarrow x = ?$

A) 6   B) 7   C) 8   D) 9   E) 10

11. $x^2 - x \log a + \log b = 0 \Rightarrow (SS) = \{x_1, x_2\}$

$\dfrac{1}{x_1} + \dfrac{1}{x_2} = \dfrac{1}{3}$ what is the relation between a and b?

A) $b = a^3$ B) $3a = b$ C) $a = b^2$

D) $\dfrac{a}{b} = 3$

E) $a \cdot b = 2$

12. $\log_3 x + \log_x 3 = 2 \Rightarrow (SS) = ?$

A) $\{3, 4\}$ B) $\left\{3, \dfrac{1}{3}\right\}$ C) $\{3\}$ D) $\{2\}$

E) $\{2, 3\}$

13. $log(5x+10)^2 - log(3x-4)^2 = 2 \Rightarrow x_1 = a$

$\Rightarrow log\, 4a = ?$

A) 8   B) 4   C) 2   D) $\dfrac{1}{4}$ E) $\dfrac{1}{2}$

14. $a, b > 1$

$log_b(log_a \sqrt[b]{a}) = log_a x \Rightarrow x^{-1} = ?$

A) a B) $\dfrac{1}{a}$ C) b D) $\dfrac{1}{b}$ E) $a \cdot b$

15. $\dfrac{2}{3} log(x^2 - y^2)$

$-\dfrac{1}{2}[log(x-y) + log(x+y)] = ?$

A) $log \sqrt{x-y}$ B) $log \sqrt[3]{x^2 + y^2}$

C) $log \sqrt[6]{x^2 + y^2}$

D) $\log \sqrt[6]{x^2 - y^2}$ E) $\log \sqrt[3]{x^2 - y^2}$

16. $\log_{(b+c)} a + \log_{(c-b)} a = 2 \cdot \log_{(c+b)} a \cdot \log_{(c-b)} a$

What is the relation between a, b and c?

A) $b^2 = a^2 + c^2$ B) $c^2 = b^2 + a^2$
C) $a^2 = b^2 + c^2$
D) $a^2 = 2b + 2c$ E) $a = b + c$

17. $\log_{\frac{1}{3}} (\sin x) = 2 \Rightarrow \cos x = ?$

A) $\dfrac{4\sqrt{5}}{9}$ B) $\dfrac{2\sqrt{5}}{3}$ C) $\dfrac{\sqrt{5}}{9}$

D) $\dfrac{\sqrt{5}}{3}$ E) $\dfrac{2\sqrt{5}}{5}$

18. $x \in Z$

$$\log_4(2x-5) < \log_2 3 \Rightarrow \sum x = ?$$

A) 10   B) 14   C) 15   D) 18   E) 22

19. $x^{\log x} = \dfrac{x^3}{100} \Rightarrow x_1 \cdot x_2 = ?$

A) 10   B) 100   C) 400   D) 900   E) 1000

20. $(\log_4 x)^2 - 7\log_4 x + 12 = 0 \Rightarrow \sum x = ?$

A) 64   B) 128   C) 250   D) 256   E) 320

21. $\log x + \log(2x+1) = 0 \Rightarrow x = ?$

A) $\dfrac{1}{2}$ B) 1   C) 2   D) $\dfrac{3}{2}$ E) 3

22. $\ln x = a \Rightarrow \log x^2 = ?$

A) $2a \cdot \log e$

B) $a \cdot \log 2e$

C) $\dfrac{a}{2} \cdot \log e$

D) $2 \cdot \ln a$

E) $\dfrac{2\ln a}{3}$

Answers

1. B	2. C	3. E	4. D	5. E	6. C
7. B	8. C	9. C	10. E	11. A	12. C
13. E	14. A	15. D	16. B	17. A	18. D
19. E	20. E	21. A	22. A		

Logarithm

Test 5

1. $\log \dfrac{x^3 y^2}{z^4} = ?$

A) $\dfrac{7\log x \cdot \log y}{4 \cdot \log z}$ B) $\dfrac{3xy}{2z}$ C) $\dfrac{\log x^3 - y^2}{\log z^4}$

D) $3\log + y^2 - z^4$ E) $3\log x + 2\log y - 4\log z$

2. $\log_2 5 = x$ and $\log_5 2 = y$

what is the relation between x and y?

A) $x - y = 1$ B) $x \cdot y = 12$ C) $x \cdot y = 1$

D) $\dfrac{x}{y} = \dfrac{4}{3}$ E) $x + y = 7$

3. $\dfrac{1}{4}\log a - \dfrac{3}{4}\log b + \log c = \ ?$

A) $\log \dfrac{\sqrt[4]{a \cdot c}}{\sqrt[4]{b^3}}$ B) $\log \dfrac{\sqrt[4]{b^2}}{\sqrt[4]{a \cdot c}}$ C) $\log \sqrt[4]{a \cdot c} - b$

D) $\log \dfrac{a^4 b^3}{c}$ E) $\log \dfrac{a^4 b^3}{\sqrt[4]{ab^3}}$

4. $\log_5 3 = x \Rightarrow \log_{15} 5 = \ ?$

A) $\dfrac{1}{x}$ B) $\dfrac{1}{x^2}$ C) $\dfrac{x+1}{3}$

D) $\dfrac{1}{x+1}$ E) 1

5. $f(x) = \log_3(3x + 2) \Rightarrow f^{-1}(x) = \ ?$

A) $\dfrac{3^x + 1}{2}$ B) $\dfrac{5^x - 5}{3}$ C) $\dfrac{5^x - 3}{2}$

D) $\dfrac{3^x - 3}{3}$ E) $\dfrac{3^x - 2}{3}$

6. $f(x) = 2^{2x-1} \Rightarrow f^{-1}(x) = ?$

A) $\dfrac{\log_2 x - 1}{2}$ B) $\log_2 x - 1$ C) $\log_2 x - 2$

D) $\dfrac{\log_2 x + 1}{2}$ E) $\dfrac{\log_2 x - 2}{3}$

7. $\log_2 5 = a \Rightarrow \log_5 50 = ?$

A) a B) $\dfrac{a+1}{2}$ C) $\dfrac{a-1}{2}$ D) $\dfrac{a+2}{a}$

E) $\dfrac{1+2a}{a}$

8. $2^{x+1} - 2^x = 32 \Rightarrow (SS) = ?$

A) $\{3\}$ B) $\{5\}$ C) $\{6\}$ D) $\{7\}$ E) $\{16\}$

9. $\log_4 7 = x \Rightarrow \log_4 28 = ?$

A) $\dfrac{x+1}{x}$ B) $\dfrac{1-x}{x}$ C) $1+x$

D) $\dfrac{1}{1+x}$

E) $1-x$

10. $\log_3(a-2) = 1 \Rightarrow a = ?$

A) 1   B) 2   C) 3   D) 4   E) 5

11. $\log_5 3 = x \Rightarrow \log_{25} 18 = ?$

A) $x+3$ B) $\log_5 2 + x$ C) $\log_5 \sqrt{2} + x$

D) $\log_5 \sqrt{2} - x$ E) $\dfrac{3x+1}{3}$

12. $\log_a 3 + \log_a 4 = \dfrac{1}{2} \Rightarrow a = ?$

A) 81   B) 100   C) 121   D) 144   E) 169

13. $\log_{56} 8 = x$

$\log_{56} 7 = y \Rightarrow \log_{56} 14 = ?$

A) $x^2 + y^3$ B) $x + y$ C) $\dfrac{x + 3y}{3}$

D) $\dfrac{1}{2(x - y)}$

E) $2x - y$

14. $\log(a + 3) + \log a = 1 \Rightarrow (SS) = ?$

A) $\{2\}$ B) $\{3\}$ C) $\{4\}$ D) $\left\{\dfrac{1}{2}\right\}$ E) $\left\{\dfrac{1}{3}\right\}$

15. $\log_2 5 \cdot \log_5 3 \cdot \log_3 1 = \log_4(a^2 - 8) \Rightarrow a = ?$

A) ∓2	B) ∓3	C) ∓4	D) 7

E) 8

16. $2^{\log_2 x^2} + x^{\log_2 x} = 16 \Rightarrow x = ?$

A) $\sqrt{2}$ B) $\sqrt{3}$ C) $-\sqrt{2}$ D) $-\sqrt{5}$

17. $5^{\log_5(a-2)} + 6^{2\log_6 a} = 10 \Rightarrow (SS) = ?$

A) {3}   B) {2}   C) {1}   D) {−2}   E) ∅

18. $\log_3(x-2) + \log_3 6 = 2 \Rightarrow x = ?$

A) $\dfrac{7}{2}$ B) $\dfrac{2}{7}$ C) $\dfrac{3}{4}$ D) 3   E) 7

19. $\ln x = p \Rightarrow \log x^2 = ?$

A) $p \cdot \log 2e$ B) $2p \cdot \log e$ C) $\dfrac{p}{\ln 10}$

D) $p \cdot \ln 2$

E) $2p \cdot \log 2$

20. $\ln(a \cdot b) = 4x$, $\ln\left(\dfrac{a}{b}\right) = 4y \Rightarrow x = ?$

A) e^{x+y} B) e^x C) e^y D) $e^{4(x+y)}$ E) $e^{2(x+y)}$

21. $a = 64^{\log_2 16} \Rightarrow \log_8 a = ?$

A) 2   B) 4   C) 6   D) 8   E) 16

22. $\begin{cases} \log_3 30 = x \\ \log_8 30 = y \end{cases} \Rightarrow \log_{24} 30 = ?$

A) $\dfrac{x+y}{x \cdot y}$ B) y C) $\dfrac{x \cdot y}{x+y}$ D) $\dfrac{2 \cdot x \cdot y}{x+y}$

E) $\dfrac{2 \cdot (x+y)}{x \cdot y}$

23. $\log_{\frac{2}{3}}(\log_5 x) < 0 \Rightarrow (SS) = ?$

A) $x > 0$ B) $x < \dfrac{2}{3}$ C) $0 < x < \dfrac{2}{3}$

D) $x > 5$

E) $0 < x < 5$

Answers					
1. E	2. C	3. A	4. D	5. E	6. D
7. E	8. B	9. C	10. E	11. C	12. D
13. C	14. A	15. B	16. A	17. A	18. A
19. B	20. E	21. D	22. A	23. E	

www.ingramcontent.com/pod-product-compliance
Lightning Source LLC
Chambersburg PA
CBHW071147240526
45465CB00024BA/1849